上海自然博物馆
Shanghai Natural History Museum

上海科技馆分馆
Branch of Shanghai Science and Technology Museum

鹦鹉螺探索笔记

上海自然博物馆出品

刘楠　顾洁燕／主编

葛致远　余一鸣／著

寻鸟记

Searching for Lost Birds

上海科技教育出版社

神秘包裹？

一张 X 光片

Science

一本杂志

一张邮票

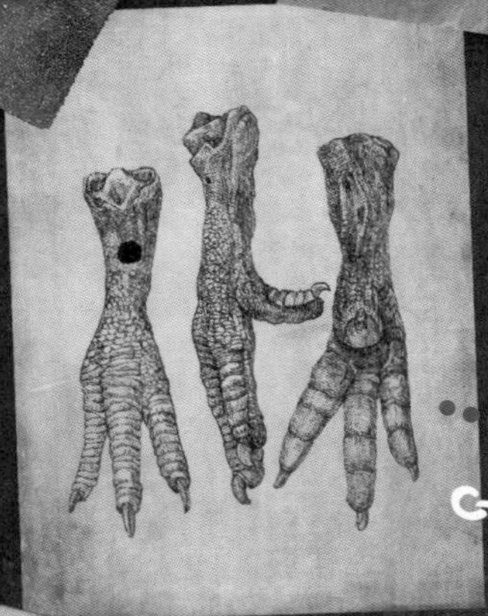

某鸟类足部标本素描

一张剪报

脏器照片

一个神秘的包裹里藏着一件已经消失了近 200 年的珍贵鸟类足部标本素描，原标本于 18 世纪初期曾在欧洲对公众展出，此后便再也没有人知道它的下落。

为了保护珍贵的标本，图背面关于它的身份和地点的信息都用摩尔斯密码加密了，请参照摩尔斯密码表，揭开鸟足的身世之谜。

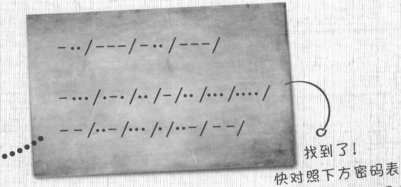

找到了！
快对照下方密码表
破译这张摩尔斯密码吧！

摩尔斯密码表

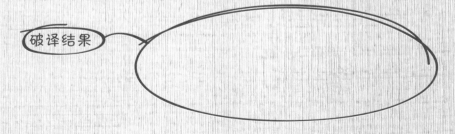

破译结果

这是谁的笔记？

首先恭喜你通过考验，获得了一条重要线索，
正式成为这本笔记的新一任主人。
这本笔记的前主人们怀着对鸟类的热爱和对未知的渴求，
循着神秘包裹中的线索，
踏上了探寻传说中那些灭绝鸟类的旅行。
他们
遇见过印度洋的暴风雨，穿越过危机四伏的沼泽，
走访过世界各地的博物馆和科研机构……
这里记录了他们旅行中的点滴发现和思考。
但是
探索之旅才刚刚开始！
请你也像他们一样，用自己的智慧去继续揭开迷雾吧！
神秘鸟类的形象？最新的研究成果？
它们消失的原因？哪里还能见到它们？
不要放过任何蛛丝马迹！
请把你的发现和所思所想都续记在这本笔记里，
帮助后人更好地了解它们，为子孙后代留下宝贵的记录。
现在
就请你追随前人的脚步，完成他们未竟的事业吧！

"THE TRUTH IS OUT THERE."

目录

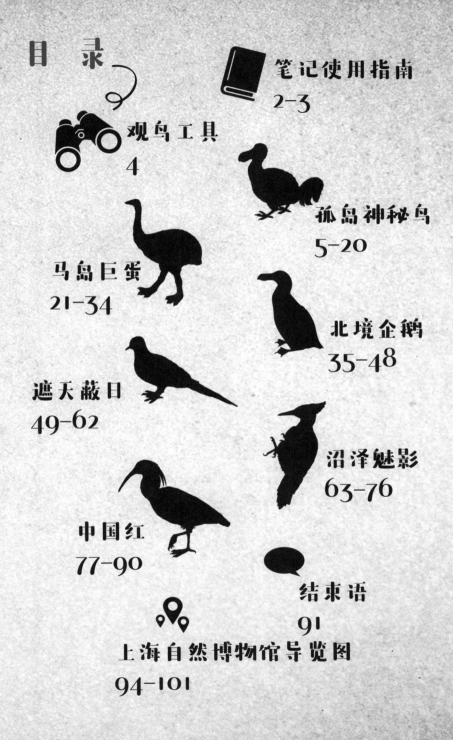

笔记使用指南

雁过留痕

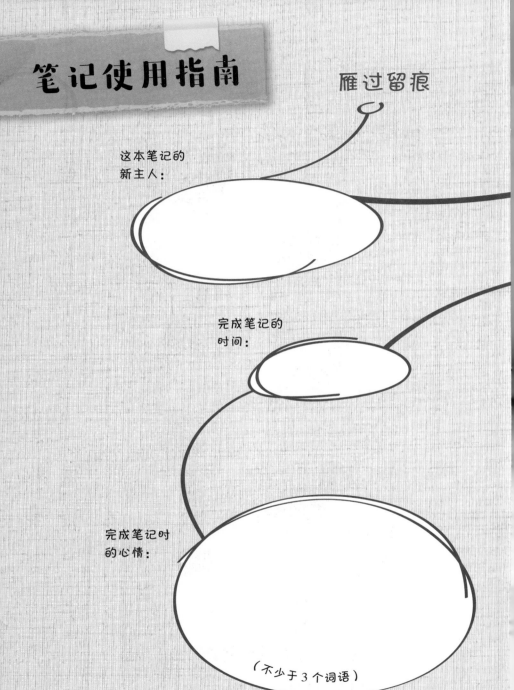

这本笔记的
新主人：

完成笔记的
时间：

完成笔记时
的心情：

（不少于 3 个词语）

拿到这本
笔记的时间：

拿到笔记时的心情：

（不超过 5 个词语）

笔记标识

这个标识表明线索就藏
在上海自然博物馆里，你可
以找到标本或模型进行观察
记录。

书的最后我们为你准备
了博物馆地图！

扫描二维码
开启寻觅灭绝鸟类
的新征程

3

观鸟工具

相机

遮阳帽

驱蚊喷雾

长袖迷彩服

望远镜

观鸟地图

收音设备

地图

图鉴

手机

鸟类图鉴

雨具

4

环球探险第一站

孤岛神秘鸟

渡渡鸟

1598 日 荷兰舰队

印度洋上的天气真是魔鬼！昨天一场风暴把我们的舰队给冲散了，3条船不知所终，剩下的5条船也都有不同程度的损伤。就在我们一筹莫展的时候，海面上竟然奇迹般地出现

食物：猜测食性杂，但主要以大颅榄树等的果实、种子等为食

飞行能力：无

繁殖方式：一窝产一枚蛋

站立高度：约1米
体重：约17千克

了一座岛，真是救了我们的命！上岛之后，一只奇异的大鸟——有两只天鹅那么大却不会飞——不但不怕人，而且边叫边跳上了舢板，那声音听起来像是"doo-doo"。离开荷兰那么久，我们早已弹尽粮绝 饥肠辘辘，这只送上来的大鸟简直是上帝的恩赐（抓它的时候还差点被它的大嘴咬到，还好我身手矫健）。生火搭架子……烤出来的味道我隐约记得，肉质非常糙，还不如鹅肉好吃。总之，从家乡向东印度群岛寻找财富的我们，在印度洋中遭遇魔鬼风暴后，奇迹般地活了下来。

中文名：渡渡鸟
英文名：Dodo
拉丁名：*Raphus cucullatus*
分类：鸽形目 鸠鸽科 渡渡鸟属
分布区域：毛里求斯岛
人类最后一次见到它的时间：1662 年
栖息地：沿海地区林地
繁殖方式：一窝产一枚蛋，雏鸟可能由父母共同抚养

1601 年的版画描绘了荷兰人登岛后的生活场景

渡渡鸟 = 美食？

　　再次登上毛里求斯岛，距离荷兰舰队登岛已经过去了400多年。现在岛上有好几家饭店都以渡渡鸟命名，好像人们不自觉地就把渡渡鸟和食物联系到了一起。当年冒险家们发现岛上充满了各种可口的野味，渡渡鸟绝不是滋味最鲜美的那一个。大概是因为它不会飞且数量众多，便成了水手们的目标。

渡渡鸟到过那里？

毛里求斯国徽上有两种动物，渡渡鸟和帝汶鹿，它们曾经是这里土生土长的原住民。

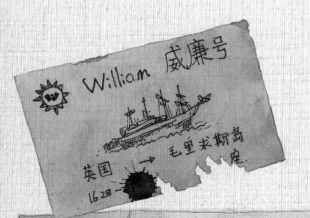

作为一种长相新奇的生物，渡渡鸟被陆续通过海路运往欧洲和东亚地区。

1628年，一名随船抵达毛里求斯的英国人在给他弟弟的信中这样写道：

亲爱的弟弟：

　　我在5月28日抵达了一座叫毛里求斯的岛。这座岛上有很多猪羊牛，还有一种很奇特的鸟，一种好像是全世界只有这里才有的鸟。我已经让皮尔斯先生给你们带了一只，他是6月10日跟着"威廉号"刚刚来到这里的。我让皮尔斯先生带给你的东西包括给我太太的一罐姜，给小侄女的甜菜和一只渡渡鸟，如果它还活着的话。

伊曼纽尔·奥尔瑟姆

17 世纪初，有至少 11 只渡渡鸟远渡重洋安全抵达了目的地，但由于船员投喂垃圾食品和缺乏运动，所以抵达目的地的它们显得臃肿不堪。这也许就是为什么我们看到那个时代画中的渡渡鸟都非常胖的原因。

1647 年，据说有一只渡渡鸟被作为礼物运往日本，它是已知人工饲养环境下的最后一只渡渡鸟。

渡渡鸟是怎么灭绝的？

Help!
救命啊！

并不是渡渡鸟

红秧鸡

　　1662 年，荷兰船"阿纳姆号"上的船员记录了人类在野外和渡渡鸟的最后一次遭遇："船员抓到了一只渡渡鸟，它的呼叫招来了更多的同伴，地点是毛里求斯主岛东面的一座小岛。"

　　此后还陆续出现了一些关于渡渡鸟的零星记录，但他们可能是把渡渡鸟和岛上另一种不会飞的鸟——红秧鸡（*Aphanapteryx bonasia*）搞混了，人们有时也称呼它们为"Dodo"。

"兄弟，别担心，大颅榄树就交给我吧！"

从被人类发现到灭绝，只用了不到 100 年的时间！

果实掉落 & 进食

果实在渡渡鸟体内消化

种子排出体外 & 种子发芽

渡渡鸟与大颅榄树

　　渡渡鸟灭绝以后，与渡渡鸟一样是毛里求斯特产的一种珍贵的树木——大颅榄树也渐渐稀少。到了 20 世纪 80 年代，毛里求斯只剩下 13 株大颅榄树，这种名贵的树种眼看也要从地球上消失了。正当科学家百思不得其解的时候，他们在渡渡鸟的遗骸中发现了几颗大颅榄树的果实，据此推断，拥有坚硬外壳的大颅榄树的种子需要在渡渡鸟体内经过初步消化后才能顺利萌发。于是科学家尝试让火鸡来代替渡渡鸟消化大颅榄树的果实，其中的一些种子果然发芽了。大颅榄树日渐稀少的原因终于找到了：原来是鸟以果实为食，树靠鸟来传宗接代。它们一损俱损，一荣俱荣。此外，对大颅榄树的大规模砍伐、入侵物种对于树苗的破坏等因素也进一步加速了它们的消亡。

哪里藏有渡渡鸟的真实标本？

2019年秋天，我在牛津大学基伯尔学院对面的草坪上约见了卡纳尔先生——牛津大学自然博物馆的工作者。因为之前偶然在一个网站上看到渡渡鸟标本的信息，它是这样说的："世界上残存的最后一具完整渡渡鸟填充标本保存在牛津大学阿什莫林博物馆，在1755年由于高度腐烂而被下令焚毁了。"

我把这话复述给卡纳尔先生听，他的回答相当于给这个流言辟谣了："著名的牛津渡渡鸟头骨（标本编号OUM 11605）和脚骨确实在牛津大学博物馆，但遗憾的是，当它被移交过来时就已经不完整了。"

流言终结

标本编号：OUM 11605

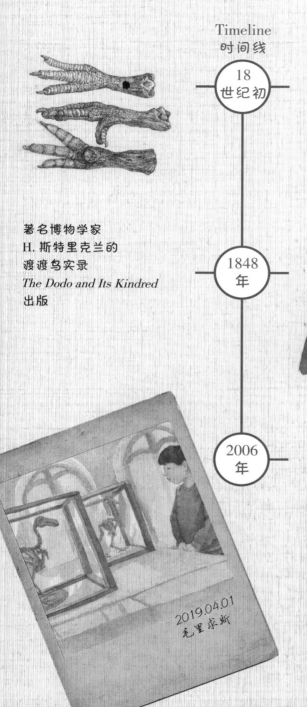

Timeline
时间线

18 世纪初

📍伦敦市
#伦敦博物馆渡渡鸟标本去向成谜# 本世纪初有一件渡渡鸟足部标本在伦敦博物馆展出,目击者称这件足部标本展现的并非站立的姿态,证明它并非来源于制作好的标本,而很可能是从一具新鲜的渡渡鸟尸体上切下来的。

著名博物学家
H. 斯特里克兰的
渡渡鸟实录
The Dodo and Its Kindred
出版

1848 年

2006 年

📍毛里求斯岛
#科研团队发现 2000 年前渡渡鸟骨骼# 荷兰、英国和毛里求斯当地研究人员组成的科研团队,在毛里求斯岛上发掘到了超过 30 只生活在 3000 至 2000 年前的渡渡鸟的骸骨。

2019.04.01
毛里求斯

教你画渡渡鸟

"As dead as a dodo."
这句俚语的意思是：
彻底消忘，不可挽回，
跟渡渡鸟一样。
也有已经完全过时的意思。

世界上有且只有一个标本
保留着渡渡鸟的软组织，
那就是著名的牛津渡渡鸟
（标本编号 OUM 11605），
它脑袋上还留着软组织。
未来人类复活渡渡鸟
也不算完全没有希望！

在毛里求斯岛上，
渡渡鸟没有任何天敌，
又有着丰富的食物，
在长久的自然进化过程中，
原本能够飞行的渡渡鸟，
胸部结构慢慢发生改变，
以至于最后它们的翅膀
不足以支持它们飞行！

微信扫一扫
看绘画教程

17

你的笔记

尝试复原本章鸟类的形象，记录更多与它有关的信息！

1. 上海自然博物馆 B1 层有一条生命的记忆长廊，你能在这里找到渡渡鸟吗？

2. 吃大果实的渡渡鸟如果活着的话，喙（嘴巴）应该更像现在的哪类鸟？去 B2 缤纷生命展区亲自对比一下各种鸟类的嘴巴吧！

环球探险第二站

马岛巨蛋

象鸟

中文名：象鸟

英文名：Elephant Bird

拉丁名：*Aepyornithidae sp.*

分类：隆鸟目 象鸟科

分布区域：马达加斯加岛

身高：约 3 米

体重：约 500 千克

人类最后一次见到它的时间：17 世纪

食物：椰树等树木的果实

栖息地：丛林地区

象鸟家族是已知世界上存在过的最大的鸟类家族，直立时可达3米高。它们虽然没有大象那么庞大的身躯，但体重依然可以达到近半吨，相当于约5只成年非洲鸵鸟。

象鸟身高睥长，非常适宜取食较高处的果实。棕榈科植物，例如马岛特有的葛氏林椰的果实可能曾是它们日常的佳肴。

在 Ampatres（马达加斯加岛最南部），有一种大鸟出没，它像鸵鸟一样，产蛋时会寻找最偏僻的地方，以防人们偷它的蛋。

1659年，法国总督弗莱克尔记

大鸟的传说

　　离开毛里求斯，坐船一路向西，没多久，眼前就出现了另一座岛屿。这座岛比毛里求斯要大许多，名叫马达加斯加岛。传说这里也曾生活着一群神奇的大鸟……

著名的意大利旅行家马可·波罗曾提到他在东游路上听说过的关于巨鸟的故事，后人认为故事中提到的巨鸟可能就是象鸟。象鸟的名字也正源于它硕大的体形和马可·波罗对于"大鹏"——一种可以用爪子抓起大象的巨鸟的描述。旅行家们可能错把不会飞的象鸟当成了大鹏的幼鸟。

　　突然从路边的小树林中窜出一只马岛长尾狸猫，与人对视几秒后，很快消失在视线中。这种猫是马岛最大的肉食哺乳动物，但对它来说，象鸟就像个巨人。

马岛长尾狸猫，又名马岛獴，体长 70 — 80 厘米

传说中的
大鹏鸟

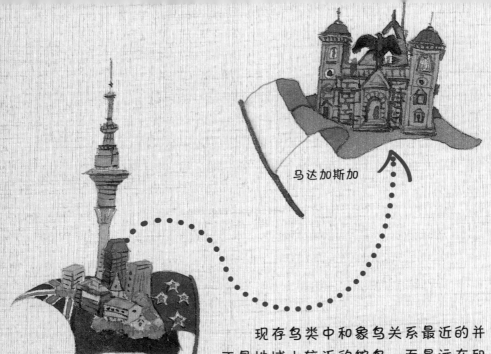

马达加斯加

新西兰

现存鸟类中和象鸟关系最近的并不是地域上较近的鸵鸟，而是远在印度洋另一端的新西兰国鸟——几维鸟。科学家认为，象鸟的祖先曾经具有飞行能力，它们飞越印度洋抵达马达加斯加岛，然后独立演化出了具有巨大身躯、丧失了飞行能力的象鸟。

几维鸟，45 厘米高

在岛上待了几天，发现岛上的树林覆盖率并不高，长期的伐木导致岛上 80%—90% 的树林都已经不复存在了，许多动物赖以生存的栖息地也随之消失了。

灭绝之谜

导致象鸟灭绝的原因至今众说纷纭：

假说 1：人类的大规模捕杀和栖息地遭破坏导致了这种曾经遍布马达加斯加的巨鸟灭绝。

假说 2：相比成年象鸟，象鸟蛋更容易被人类采集、破坏。无法繁衍后代导致象鸟最终从岛上彻底消失。

假说 3：人类带上岛的家禽身上携带有特殊病菌，象鸟对此缺乏免疫力，最终灭绝。

哪里藏有象鸟的真实标本？

印象里几乎没有博物馆藏有象鸟标本，回头翻一翻参观相册却有一些惊喜发现！

哈佛自然历史博物馆

象鸟蛋是已知最大的鸟蛋，一枚蛋可以达到34厘米长，重10千克！一枚象鸟蛋里可以塞进大约160枚普通鸡蛋。

这里馆藏的象鸟蛋有300多年的历史，是博物馆的镇馆之宝之一，保管非常严格，管理员的白手套是它唯一能接触到的外界物体。

世界上仅有的一幅
完整的象鸟骨骼标本，
我在法国巴黎国立自然
博物馆见过，在它面前
我是那么瘦小！

巴黎国立自然
博物馆

资料上说：现存保留
完整的象鸟蛋标本只有不
到 20 件，主要分散在美
国和欧洲的各大自然历史
博物馆中。让我印象深刻
的是美国国家地理学会保
存的一枚象鸟蛋，科学家
用 X 射线扫描后，竟然
发现其中还有未孵化的象
鸟胚胎！

National Geographic Museum
Denver Museum of Nature and Science
Harvard Museum of Natural History
Melbourne Museum
Delaware Museum of Natural History
Buffalo Museum of Science
London Natural History Museum

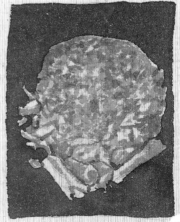

教你画象鸟

象鸟体重接近半吨，
而它的亲戚几维鸟却只有3千克。

微信扫一扫
看绘画教程

象鸟和鸵鸟、
鹤鹊等现存陆地大鸟一样，
没有龙骨突，
因而也不具备飞行能力。

2013 年，一位私人买家
以 100 000 美元的价格从拍卖行
买走了一枚完整的象鸟蛋。
如今马达加斯加政府
已经采取措施，
禁止岛上的象鸟蛋
以任何途径流入市场。

你的笔记

尝试复原本章鸟类的形象，记录更多与它有关的信息！

几维鸟的故事

　　在 B2 缤纷生命展区的林奈实验室里有一件象鸟现存亲戚——几维鸟的剥制标本，去现场找找它在鸟类进化树上的位置，观察一下它和其他鸟类的区别。

环球探险第三站

北境企鹅

大 海 雀

在夏季，它们的眼睛上方会出现一块白斑，而这块白斑在它们换上冬羽后会变得不那么明显。

冬羽

夏羽

中文名：大海雀
英文名：Great Auk
拉丁名：Pinguinus impennis
分类：鸻形目 海雀科 大海雀属
分布区域：北大西洋地区
最后一次被目击：1844 年
栖息地：沿海水域和岛屿

我们的视线中出现了一座岛，岛上生活着一种数量惊人的水鸟（长这么大，第一次见到这么多的怪鸟）。这种鸟不会飞，因为它们的翅膀无法承受自己堆积着脂肪的庞大身躯（不比一只大肥鹅小多少）。以前法国人上岛后很轻松就抓住了它们，他们把这些鸟用盐处理后堆在桶里。我们也把这里当作是我们的补给站（看来可以饱餐一顿了）。

"金鹿号"船长爱德华·海耶斯记于 1583 年

身高：75—85 厘米
体重：约 5 千克
食物：以鱼为主，也会捕食甲壳类等其他水生生物

老 朋 友？

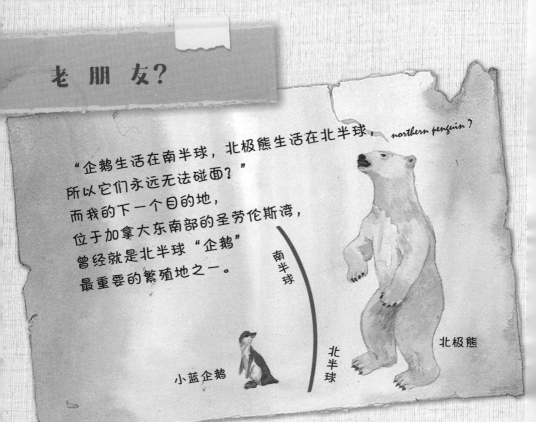

"企鹅生活在南半球，北极熊生活在北半球，
所以它们永远无法碰面？"
而我的下一个目的地，
位于加拿大东南部的圣劳伦斯湾，
曾经就是北半球"企鹅"
最重要的繁殖地之一。

northern penguin?

南半球

北半球

小蓝企鹅

北极熊

现在很少有人还会提及"北境企鹅"，但事实上，人类很早就与这种鸟有了接触……

在 10 万年前的尼安德特人聚居的篝火遗迹附近，就有被清理干净的大海雀骨头；

在 3.5 万年前原始人类生活的地方也有关于大海雀的石刻。

大海雀一直是美洲文化中非常重要的一部分，滨海古文明时期（Maritime Archaic），许多人死后会用大海雀的骨头来陪葬。科学家曾经在一处埋葬点发现墓穴主人被多达 200 个大海雀的喙所覆盖，据推测，这可能是一件用大海雀皮做成的斗篷的残留物。

　　在 1605 年出版的 *Exoticorum Libri Decem* 一书中首次出现了清晰的大海雀插图，在此之前，这种鸟类都只有模糊的形象。

大海雀是怎么灭绝的？

1844 年，人类已知最后一对大海雀在芬兰附近的火岛（Eldey）上被渔民捕杀。这对大海雀被发现时雌鸟还在孵蛋。一个渔民在追杀它们时不小心弄碎了鸟蛋，也摧毁了这个物种最后的希望。

一艘船出海归来，船上装满了死鸟，主要都是大海雀。在过去的几年里这里的人们已经习惯了这样的生活，一些船员整个夏天都住在岛上，就为了猎杀这些大海雀以取得它们的羽毛。他们所造成的破坏是惊人的，如果这种疯狂的行为不尽快被阻止的话，整个繁殖种群都将被彻底毁灭。

——乔治·卡特怀特，1785

这个结局也许早就被预见了吧……昔日热闹的芬克岛如今只剩光秃秃的礁石，后来的人恐怕很难想象，鼎盛时期曾经有超过 10 万对大海雀在这里繁衍后代……

它们也曾数以万计，今天世界上却只有 78 件大海雀标本和 75 枚大海雀蛋。

虽然大海雀和企鹅在外形和生活习性上有许多相似之处，但它们并没有很近的亲缘关系，这一切都只是趋同进化的结果，就像鲸和鱼一样。大海雀和企鹅一样，前肢都已经特化成了鳍状肢，虽然丧失了飞行能力，它们却是游泳能手、捕鱼达人。

Pinguinus impennis

有意思的是，英文名"Penguin"原本是对大海雀的称呼，在古代英文文献中提到的"Penguin"指的都是大海雀。随着大海雀的灭绝，这个单词就被转让给了南半球的企鹅。如今从大海雀的学名中依然可以看到这个单词的影子。

哪里藏有大海雀的真实标本？

哈佛自然历史
博物馆

英国保存有 15 件大海雀标本，是世界上拥有大海雀标本最多的国家。

丹麦自然历史
博物馆

最后被猎杀的那对大海雀的眼睛和脏器被收藏在位于哥本哈根的丹麦自然历史博物馆。

冰岛国家自然历史
博物馆

　　冰岛国家自然历史博物馆在 1971 年花费 9000 英镑买下了
一件大海雀标本，这件标本成为了吉尼斯纪录中成交价最高的
鸟类填充标本。

教你画大海雀

大海雀是
美国阿基米尔学院和
澳大利亚阿德莱德大学合唱协会
的吉祥物。

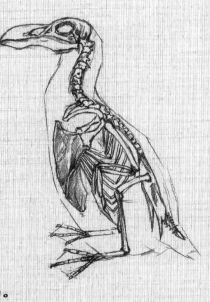

大海雀全身都是宝，
它的绒羽、脂肪、肉和蛋
都有极高的经济价值，
然而这也为它招来了杀身之祸。

44

大海雀是除了渡渡鸟以外被引用率
最高的已灭绝鸟类，
在许多儿童读物和科幻著作中都有出现。

45

你的笔记

尝试复原本章鸟类的形象，记录更多与它有关的信息！

虽然我们失去了北半球的大海雀，但我们还可以见到南半球的企鹅朋友。请前往 B2 生态万象展区的"极地探索"，了解下现存企鹅的种类和分布情况，看看从它们身上能不能找到已经灭绝的大海雀的影子，透过它们想象一下，如果大海雀还活着，其生活会是怎样的一种景象。

环球探险第四站

遮天蔽日

旅 鸽

体长：38—41厘米

1813 年 10 月 16 日

约翰·詹姆斯·奥杜邦，俄亥俄州 哥伦布市

　　1813 年秋季一个晴朗的上午，我正匆匆赶路。突然，一阵震耳欲聋的声音从天边传来，正午的阳光失去了光彩，就像发生了日食一般！这并不是风雨将至，而是密密麻麻、绵延近百千米的鸟群飞来。作为一位经验丰富的博物学家，我还是被这个鸟群庞大的规模惊呆了。当我在傍晚赶到距出发地 55 英里（88.5 千米）的目的地时，鸟群还在头顶，数量丝毫没有减少。整个过程持续了 3 天，保守估计这群鸟约有 10 亿只。

集群迁徙

中文名：旅鸽
英文名：Passenger Pigeon
拉丁名：*Ectopistes migratorius*
分类：鸽形目 鸠鸽科 旅鸽属
分布区域：北美洛矶山脉东部地区
食物：冬天以橡果等坚果为主
　　　夏天以蓝莓等莓果为主
最后一次被目击：1914 年

在蒙特利尔稍作休整后，沿着87号公路一路驱车南下，终于在晚饭前赶到了费城。

原鸽

费城街头最常见的鸟是原鸽，走到哪里都能听见它们咕咕的叫声。费城的西边有个古老的街区叫Moyamensing，这个词在当地的意思是"鸽子粪"。但这个"鸽子"并不是原鸽，而是曾经在这里生活过的另一种数量惊人的本地鸟类——旅鸽，现在它们已经从这片大陆上彻底消失了。

旅鸽的灭绝

旅鸽是北美大陆鸽形目中少见的性二型鸟（雌雄外观有差异），雄性旅鸽的脖子和胸前有漂亮的铜虹色羽毛，而雌性羽色则暗淡许多。

雌鸽

雄鸽

1867 年报纸上猎杀旅鸽的插图

由于旅鸽肉味道鲜美，早在欧洲人发现美洲大陆之前，印第安人就有捕杀旅鸽的传统。在 1850 年，就有数千人专职从事旅鸽的捕猎。渐渐地，旅鸽肉不仅是食物匮乏时期人类的蛋白质来源，还是廉价的猪饲料和打猎娱乐活动的道具。

1878 年，在密歇根州，猎人在 5 个月的时间内捕杀了 750 万只旅鸽。

1900 年，野外最后一只旅鸽被俄亥俄州一个 14 岁的男孩射杀。

哪里藏有旅鸽的真实标本？

1914年9月1日

由查尔斯·惠特曼赠送给辛辛那提动物园饲养的旅鸽"玛莎"死去，这是世界上最后一只旅鸽，旅鸽作为一个物种就此灭绝。

在史密森尼学会的制作师手下，"玛莎"被制成一具剥制标本，一直保存下去。

史密森尼学会国家自然历史博物馆

1985 年

　　考古学家威廉·纽曼指出，
美洲原住民遗址中并不存在大
量的旅鸽骨骼。如果这种鸟连续
数千年都多到可以遮蔽太阳，美洲原
住民应该经常食用它们才对。纽曼认为
19 世纪的鸽群规模并不反映旅鸽长
期的真实状态。

人祸？天灾？

2014 年 6 月

科学家通过对旅鸽 DNA 的研究发现，在 2 万年前的冰河时期，旅鸽的"有效种群"可能只有 33 万只。威尔逊等博物学家在 19 世纪见证的上亿只的鸽群恰巧是一场大爆发。

这种鸟类可能更像蝗虫，食物充足时会大规模扩张，但一旦条件变差，比如遇到 19 世纪初人类的过度捕猎及栖息地被破坏等情况就容易出现崩溃。

2017 年

加州大学圣克鲁斯分校的杰玛·默里的一项研究发现，造成旅鸽"有效种群"数量较低的原因可能正是"自然选择"。自然选择推动旅鸽演化出了诸多适应大群生活的特征，但同时也让它们付出了损失遗传多样性的代价。

当种群规模因为人类捕猎等压力而大幅缩水时，无法适应这种变化的旅鸽迅速走向了灭亡。

教你画旅鸽

旅鸽曾经是美洲大陆，
乃至全世界数量最多的一种鸟。

旅鸽的名字来源于
它们迁徙的习性，
成群迁徙的旅鸽可以绵延数百千米。

微信扫一扫
看绘画教程

和家鸽一样，
旅鸽会分泌鸽乳来哺育雏鸟，
这个过程会持续3—4天，
大约两周后鸽宝宝就能自力更生了。

59

你的笔记

尝试复原本章鸟类的形象，
记录更多与它有关的信息！

1. 旅鸽所属的鸽形目就藏在 B2 缤纷生命展区哦！

2. 性二型在鸟类中并不少见，在 B2 缤纷生命展区就集中展示了许多性二型鸟类。找到它们，想一想为什么会出现雌雄有别的现象。

3. 旅鸽有集大群迁徙的习性，全世界共有几条主要的候鸟迁徙路线？又有几条途经中国？去 B2M 的候鸟驿站寻找答案吧！

环球探险第五站

沼泽魅影

中文名：象牙喙啄木鸟
英文名：Ivory-billed Woodpecker
拉丁名：*Campephilus principalis*
分类：鹳形目 啄木鸟科 红头啄木鸟属
分布区域：美国南部
体长：约50厘米
体重：约570克
最后一次确认目击记录：1944年
食物：树栖甲虫幼虫为主，植物果实为辅
栖息地：密林沼泽

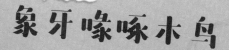
象牙喙啄木鸟

醒目的白色区域

当腾空飞起时，它们会用力而且快速地拍动它们的翅膀，有点类似乌鸦和鸭子。它们会直线飞行，而不是像别的啄木鸟那样起伏地飞行。从下面仰看，它们甚至要比北美黑啄木鸟更黑，但飞行时它们的背面会露出大面积显眼的白色。它们是如此独一无二，不会与其他任何鸟类混淆。

贝亚德·克里斯蒂，1943

啄木鸟小镇

　　终于到了在北美洲的最后一个目的地——位于美国中南部阿肯色州的布林克利。这个曾经平淡无奇的小城镇，如今因为一种被认为可能已经灭绝的啄木鸟——象牙喙啄木鸟而名声大噪。

哒哒···

WoodPECKER HAI

象牙喙啄木鸟是美国最大的啄木鸟，它的一大特征是喙是象牙色而不是啄木鸟家族中常见的黑色。身为啄木鸟中的"巨人"，它一度被形容为"最大的白喙啄木鸟"，也有人称它为"上帝之鸟"。

在野外，北美黑啄木鸟经常被误认为象牙喙啄木鸟，二者在外观上有许多相似之处，但象牙喙啄木鸟从颈部一直延伸至背部的两条白色条纹、翅膀上的白色区域和它独特的叫声，是野外区分二者的关键。

象牙喙啄木鸟会发出一种独特的两记木头敲击声来作为长距离交流的信号，这种交流方式在同属的其他啄木鸟中也会出现，但在北美洲只有象牙喙啄木鸟会这么做。

Birding list

失败

我花了一整天时间，划着皮划艇，穿梭在沼泽地中仔细聆听寻找，除了别的鸟叫声，只听到北美黑啄木鸟发出的一长串机关枪式的连续敲击声。

成年象牙喙啄木鸟被认为过着一夫一妻制生活，伴侣会共同活动和哺育后代。然而它们爱吃的甲虫幼虫并不好找，有人估计一对象牙喙啄木鸟需要至少25平方千米，相当于3500个标准足球场大小的合适栖息地，才能捉到足够将它们的孩子抚养长大的食物。

失而复得？

美国南部曾经有大片适宜象牙喙啄木鸟居住的沼泽和针叶林栖息地，但随着南北战争之后伐木业的崛起，林地被严重破坏，只为它们留下支离破碎的栖身之所。

1944年4月，奥杜邦学会的艺术家唐·埃克尔贝里最后一次在野外见到这种啄木鸟，在那之后不久，该林地也被伐木公司砍伐殆尽。

事实上，早在1920年，象牙喙啄木鸟已经被认定为"极其稀有"。伐木活动加上收藏者的狩猎行为加速了这种啄木鸟的消失。

　　目前为止，人类拥有的最清晰的关于象牙喙啄木鸟的影像资料来自康奈尔大学著名鸟类学家亚瑟·阿伦博士领导的科研团队，1935 年，他们成功拍摄到了一对象牙喙啄木鸟在巢穴附近活动的影像，同时采集到了它们清晰的叫声。

　　2005 年 4 月，由美国康奈尔大学鸟类实验室领衔的科学家团队对外宣布，在位于阿肯色州凯西河国家自然保护区（Cache River National Wildlife Refuge）重新发现了被认为可能已经灭绝的象牙喙啄木鸟，并提供了包括一段视频和多段录音在内的诸多证据，引起了全世界的关注；当年 6 月，该重大发现登上了 *Science* 杂志的封面。

2006年，由奥本大学的希尔博士组织的另一支调查团队在美国佛罗里达州人迹罕至的沼泽地区也发现了象牙喙啄木鸟依然存在的疑似证据，成果发表在了当年9月的 *Avian Conservation and Ecology* 期刊上。

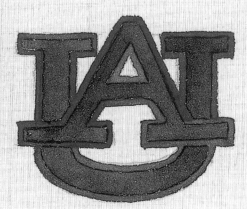

奥本大学

此后的几年中，每年还时常会有疑似象牙喙啄木鸟的目击报告发布，但从2008年以后，类似目击报告的数量锐减，这种鸟类的存在再次成谜。

2008 年 12 月，大自然保护协会（The Nature Conservancy）曾悬赏 5 万美金，奖励任何可以引导项目组科学家找到活的象牙喙啄木鸟的人，但最后并无下文。

哈佛大学拥有世界上规模最大的象牙喙啄木鸟藏品，包括一件十分罕见的巢穴标本。

教你画象牙喙啄木鸟

象牙喙啄木鸟的再次发现
使得布林克利这个小地方的旅游业收入上升了 30%，
无数"象牙喙猎人"
从世界各地慕名前来寻找这种神秘大鸟。

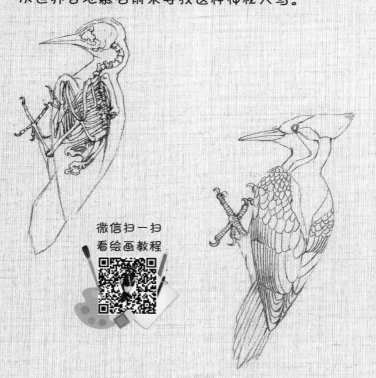

微信扫一扫
看绘画教程

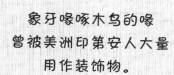

象牙喙啄木鸟的喙
曾被美洲印第安人大量
用作装饰物。

生活在美国的象牙喙啄木鸟
在古巴还有个近亲——古巴象牙喙啄木鸟，
但它也很有可能已经灭绝，
最后一次野外被目击是 1987 年。

你的笔记

尝试复原本章鸟类的形象，记录更多与它有关的信息！

1. 上海自然博物馆收藏了各式的鸟巢，其中也包括一件啄木鸟的巢穴标本。看看啄木鸟的家和其他鸟的家有什么不同。思考一下，它们是怎么造出这样的"家"的？

2. 有没有注意到啄木鸟的足和其他鸟的足不一样？它们为什么会演化出这样的足呢？去 B2 缤纷生命展区找找答案吧！

环球探险最终站

中国红

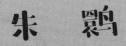
朱 鹮

夜间栖身于高大乔木顶端，
筑巢繁殖也在树上完成。

体长：约75厘米
体重：约1.8千克
食物：小型水生动物为主

中文名：朱鹮
英文名：Crested Ibis
拉丁名：*Nipponia nippon*
分类：鹳形目 鹮科 朱鹮属
曾经分布区域：东亚地区
现今分布区域：中国、日本
栖息地：水田、溪流、沼泽等，喜高大乔木

翩翩兮朱鹭，来泛春塘栖绿树。
羽毛如剪色如染，远飞欲下双翅敛。
　　　　　——【唐】张籍《朱鹭》

1981 年 5 月 □ 日

　　今天注定是非比寻常的一天！在中国科学院动物研究所工作了这么多年，我知道，一直以来中国对朱鹮的记录都停留在 1964 年，此后近 20 年都没有记录。不死心的我带着团队开始了漫长的寻找，这一找就是 3 年，3 年里我们跋山涉水 5 万多千米，终于在今天，在八里关乡大店村姚家沟近距离地看到了它们！团队成员们都开心坏了，好像我们找到了宝藏一样。它，确实是宝藏，是我们失而复得的国之瑰宝！

最后一站是陕西洋县，我终于回到了祖国的怀抱！这也不再是灭绝鸟类的追忆之旅，这里有着举世闻名的拯救濒危鸟类的成功案例——朱鹮。现在全世界的朱鹮都是陕西省洋县重新发现的那7只朱鹮的后代。

朱鹮曾经是东亚地区非常常见的一种鸟，除了中国，日本、朝鲜、韩国、俄罗斯也都有朱鹮分布的记录。

在中国，对于朱鹮最早的记录可以追溯到春秋时期的《禽经》。

在日本，朱鹮最早的文字记录见于奈良时代的《日本书纪》。在日本，朱鹮一度被当作"害鸟"对待，多地都流传着提及朱鹮的《驱鸟歌》，可见它曾经的数量之多。

〜おらがいっちにくいとりは／ドウとサンギとコスズメ／おって給え田の神

我最憎恨的鸟／是朱鹮、鹭鸶和麻雀／农田之神，请赶走它们吧
　　　　　　　　——日本小千古市《驱鸟歌》

由于大量水田被改造成旱田，高大乔木被砍伐以及农药的广泛使用，朱鹮的栖息地环境遭到极大的破坏，朱鹮也因为人类对其羽毛和羽绒的需求日益增加而遭到滥捕滥杀。

1960 年，第 12 届国际鸟类保护协会把朱鹮定为国际保护鸟，并为其发行过邮票。

1963 年之后，俄罗斯再无关于朱鹮的报道。

1964 年，中国曾经以为是最后一次采集朱鹮标本。

1979 年，朝鲜半岛最后一次记录朱鹮。

1981 年，日本的最后 5 只野生朱鹮全部被捕获，但随后的人工繁育尝试最终以失败告终，日本原生朱鹮宣告灭绝。

1981 年，科学家在陕西省汉中市洋县发现了当时中国野外仅存的最后 7 只朱鹮。

2003 年，日本原生的最后一只野生朱鹮"阿金"因头部撞击笼子而死亡。它于 1968 年被捕获，推测年龄 36 岁，是已知最长寿的朱鹮。

当年，刘荫增老师发现了最后7只朱鹮后，我国政府专门成立了"秦岭一号朱鹮群体"四人保护小组，负责日夜看护这最后的"火种"。

"秦岭一号朱鹮群体"临时保护站如今已经翻新。翻看着前人的保育笔记，真是感慨万千。

保育成果

　　1986 年 4 月，为了避免朱鹮幼鸟不小心从巢里掉下摔伤，我们在巢树下面挂了尼龙网。鸟宝宝开始练翅时，一周内就掉下来 3 次，还好都被尼龙网接住了。

　　1989 年 4 月，为了防止黄鼬和蛇类爬上巢树把鸟卵吃掉，我们在巢树周围 1 米内撒了雄黄，经过试验，发现效果不错。

经过 38 年的努力，朱鹮总数已从当年的 7 只变成了如今的 3000 余只，人工种群近 20 个。科学家还在宝鸡、铜川等多地成功进行了人工繁育个体的野化放飞，这是人类保护力与自然选择博弈的结果。

1872 年，英国博物学家郇和在我国浙江捕获一只朱鹮，后运输至伦敦动物园进行饲养，但仅在动物园存活了 5 个月。这是关于人工饲养朱鹮最早的记录。上海自然博物馆曾经收藏了很多他采集的标本。

1989 年，世界上首次人工繁殖朱鹮在北京动物园获得成功。

2019.09.11 上海自然博物馆

85

教你画朱鹮

朱鹮被人们称为"东方宝石"，
全身羽色以白色为主，翅下和尾下均呈粉红色，
特别是初级飞羽的粉红色最为浓艳。
头颈部的羽毛延伸形成松散的冠羽，
喙的尖端、额面部裸露的皮肤以及腿都是鲜艳的红色。
朱鹮飞过天空时，抬头仰望，
就仿佛一只红色的鸟飞过。

微信扫一扫
看绘画教程

朱鹮小时候身上并不红，
长大后才会逐渐显现出红色，
这可能和它们的食物富含红色色素有关。

86

繁殖期的朱鹮羽色并不会变得更红艳，
相反，此时它们会分泌一些粉末状的黑色混合物，
通过水浴行为将这些物质涂抹在羽毛上，
从而使自己变成灰色。
人们甚至一度以为灰色和白色的朱鹮
是两种不同的鸟。

你的笔记

尝试复原本章鸟类的形象，记录更多与它有关的信息！

1. 在上海自然博物馆展区里有3只朱鹮的标本，其中就有繁殖羽，看看你能不能找到它们。从展区的图文信息里获取关于朱鹮的更多信息，并记录下来。

2. 朱鹮是"秦岭四宝"之一，另外三宝是什么？你能在上海自然博物馆的地下二层找到它们吗？

结束语

关于灭绝

人类已知地球历史上一共发生过 5 次大灭绝事件，每次大灭绝事件的发生都造成数以万计的生物从这个星球上永远消失。然而，就像恐龙灭绝后迎来了鸟类和哺乳动物的盛世一样，这样的灭绝，并不是世界末日，更像是一次生命的重新洗牌。

但不同于前 5 次大灭绝事件的诱因——天灾，这本笔记里记录的鸟类大都因人祸而走上了灭绝之路。渡渡鸟从被人类发现到灭绝，用了不到 100 年的时间，而旅鸽从 50 亿只到灭绝，仅用了不到 50 年。据估算，如今物种灭绝速度已经百倍于人类出现前的自然灭绝速度，在过去半个世纪的时间内，仅北美洲，鸟类种群数量就减少超过 25%，全球范围内共有约 100 万种动植物正遭受灭绝威胁，约占全球物种总量的 1/8，而这些数字还在继续攀升。

天灾也许无法改变，人祸却完全可以避免。作为这本笔记的新主人，希望你可以继续前人未竟的使命，踏上探寻"灭绝"鸟类的旅途，为大家还原故事的真相，避免悲剧再次上演。

没有头绪？不妨去上海自然博物馆的生命记忆长廊走一走，那里有不少灭绝鸟类等着你去探索呢！

你的笔记

你还对哪些灭绝鸟类的故事感兴趣？不妨动手记录下它们的故事吧。

上海自然博物馆导览图

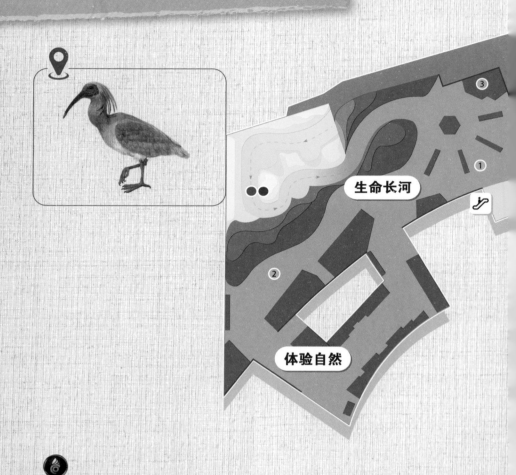

不走寻常路的朱鹮的繁殖羽是什么颜色的？

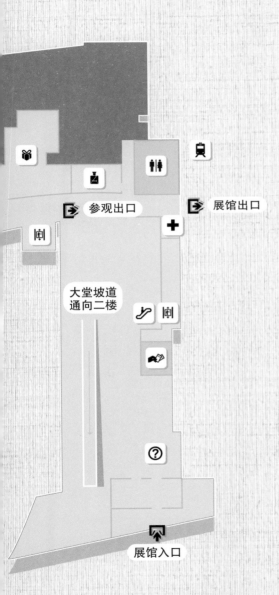

大堂坡道
通向二楼

参观出口

展馆出口

大堂坡道
通向二楼

展馆入口

?

1
这里展示的 4 块底层剖面中有一块的所在地层曾经出土了大量的古代鸟类化石，因而被称为"第一只鸟飞起的地方，第一朵花绽放的地方"，你能不能找到它呢？

2
在鸟类出现之前，称霸天空的是一群会飞的爬行动物。抬头看看，找一找，它就藏在生命长河的众多明星动物之中。

3
这里有上海自然博物馆人气最高的网红大明星，一只表情呆萌的大猫"Meng"。

（沿着"生命的记忆"长廊
从上往下依次排布）

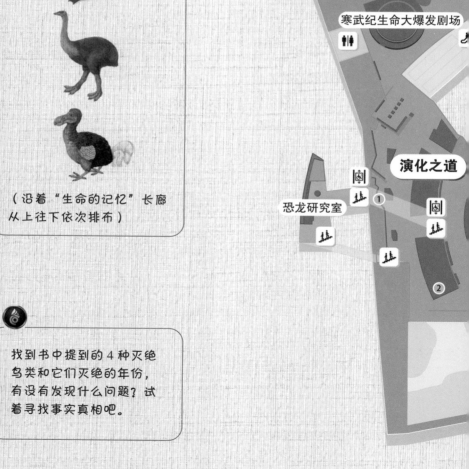

寒武纪生命大爆发剧场

演化之道

恐龙研究室

找到书中提到的 4 种灭绝
鸟类和它们灭绝的年份，
有没有发现什么问题？试
着寻找事实真相吧。

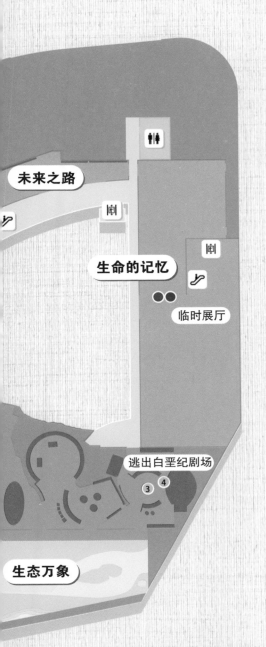

楼层 B1

?

1
热河生物群包括了大量的有羽恐龙和鸟类化石，看看你能不能通过这些化石破解鸟类起源之谜。

2
身披原始羽毛的窃蛋龙，名字却是个天大的误会！它究竟为什么出现在一窝蛋旁边？

3
由于食性和生境的不同，加拉帕戈斯群岛上演化出了14种喙形各异的地雀，看看它们是怎么为达尔文的物种起源理论提供有力支持的。

4
地球诞生至今共发生过5次生物大灭绝事件，你知道是哪5次吗？

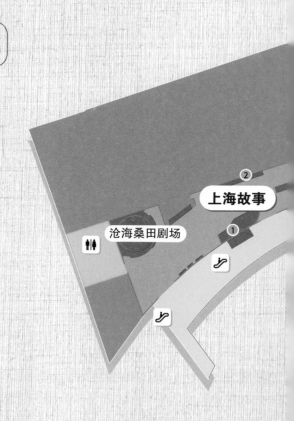

候鸟迁徙知多少。

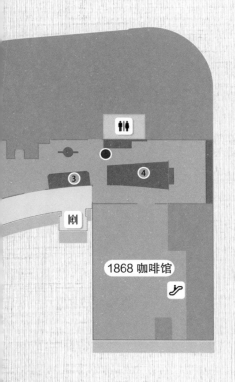

1868 咖啡馆

?

1

崇明东滩湿地是重要的鸟类栖息地，不同的生境中都生活着哪些鸟类？

2

在这些上海曾有记录的鸟种中，许多已经多年未曾现身。你见过它们吗？

3

如今在上海的城市公园、绿地中生活着各种鸟。你认识它们吗？

4

在崇明东滩观鸟，每一个季节都会有不同的收获。什么鸟在这里越冬？什么鸟在这里度夏？

虽然我不在那里，但你可以见到我的其他啄木鸟朋友哦！

探索中心

大地探珍

地球的力量剧场

?

1
鸟类中有许多身怀绝技的捕食高手，看看黑鹭是怎么擒获灵活的小鱼的。

2
非洲大草原上每天都在上演着弱肉强食的饥饿游戏，在那里生活的鸟类有哪些绝活？

生存智慧

生态万象

人地之缘

贝林主题商店

缤纷生命

❶ 走过路过不要错过，"秦岭四宝"了解一下。

❷ 在鸟类分类树上找找象鸟的近亲——几维鸟。

❸ 许多鸟都是筑巢高手，啄木鸟的窝和别的鸟窝有何不同？

❹ 为了适应不同的环境和生存需求，鸟类演化出了千奇百怪的足与喙。学习怎么通过足和喙来解读一只鸟。

❺ 除了旅鸽，还有哪些鸟类雌雄有别？

❻ 从企鹅的生活推测大海雀的日常。

图书在版编目 (CIP) 数据

寻龙记 / 葛致远，余一鸣著 . —上海：上海科技教育出版社，2021.3
（鹦鹉螺探索笔记 / 刘楠，顾洁燕主编）
ISBN 978-7-5428-7376-7
I. ①寻 ... II. ①葛 ... ②余 ...III. ①本册②鸟类 – 普及读物
IV. ① TS951.5 ② Q959.7–49
中国版本图书馆 CIP 数据核字 (2020) 第 207567 号

鹦鹉螺探索笔记

寻鸟记

主　　编　刘　楠　顾洁燕
分册作者　葛致远　余一鸣
插　　画　王书音
科学顾问　何　鑫
责任编辑　郑丁葳
书籍设计　朱　高　施海峰

出版发行　上海科技教育出版社有限公司
　　　　　　（上海市柳州路 218 号 邮政编码 200235 ）
网　　址　www.sste.com　www.ewen.co
经　　销　各地新华书店
印　　刷　上海普顺印刷包装有限公司
开　　本　890 × 1240　1/32
印　　张　3.5
版　　次　2021 年 3 月第 1 版
印　　次　2021 年 3 月第 1 次印刷
书　　号　ISBN 978-7-5428-7376-7/G · 4332
定　　价　45.00 元